带孩子探秘中国工程机械

★

手绘科普

巨型钢铁盾构机遁地侠

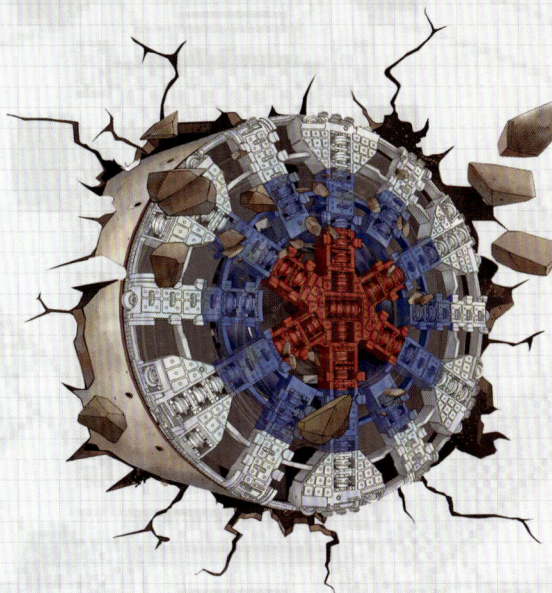

总策划 吴湘华

编 著 三角架

中南大学出版社
www.csupress.com.cn

目录

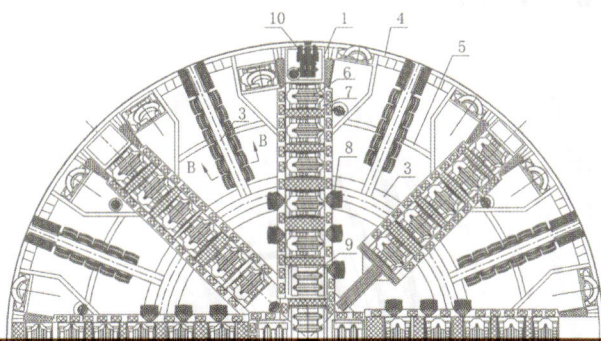

你知道人们乘坐的地铁线路是怎么建成的吗？你知道高铁过山隧道是怎么开凿出来的吗？你知道中国有一种精神叫"盾构精神"吗？

都说"上天有神舟，下海有蛟龙，入地有盾构"，那么，从"一无所有"到"世界一流"，领先世界的工程机械之王——中国盾构机到底有多厉害呢？快跟着怪博士和谢小兔一起，开始中国盾构机探秘之旅吧！

谢小兔

年龄：10 岁

身高：140cm

对机械有狂热的探索欲，人称"行走的十万个为什么"，最大的愿望就是问倒怪博士，但是目前没有成功过。

怪博士

年龄：秘密

身高：180cm

头戴魔法安全帽，戴着它可以深入各种机械内部以及施工现场去探险，被谢小兔称为"行走的工程机械大百科"。

第一章

从"蛀船小虫"到"钢铁巨兽"

((叮咚)) 叮咚，超级掘进怪兽来了！

哇，这个大家伙是什么呀？我从来都没见过呢！

这是盾构机，人送外号"钢铁巨兽"，也叫"工程机械之王"，用来挖掘隧道的庞然大物！我们能坐着高铁"穿山过海"，都是有了它做"大前锋"才成功的呢！

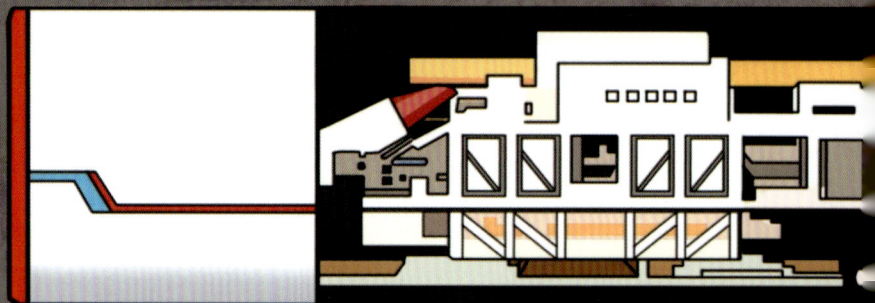

盾构机长得好像一条在泥土里穿梭的"大蚯蚓"，它钻过的地方会留下一条长长的隧道，它是怎么做到的呢？

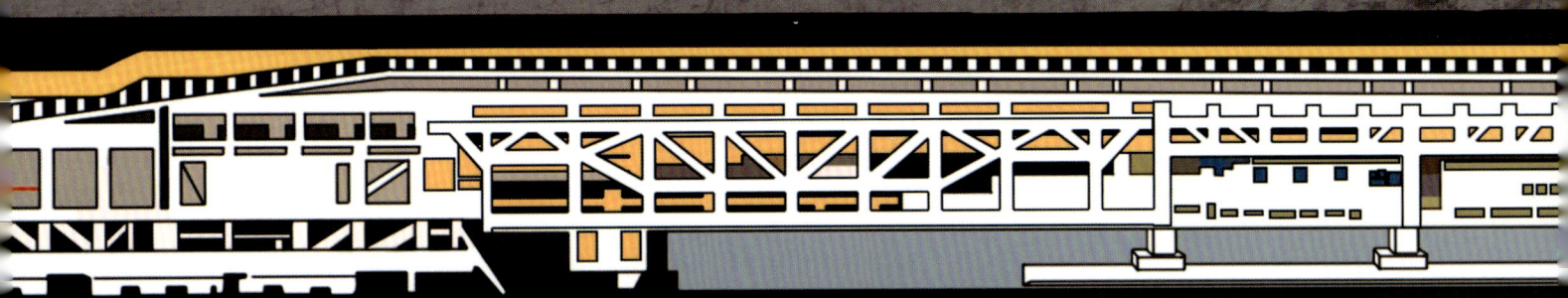

让哥伦布讨厌的船蛆，却为我带来了灵感！

18 世纪末，英国人计划在伦敦地下修建一条横贯泰晤士河的隧道，法国工程师布鲁诺尔正为此头痛不已，到底怎么样才能在河底挖掘出隧道呢？

历史名人小档案

姓名：布鲁诺尔

出生年份：1769 年

职业：工程师

个人技能：盾构隧道技术的开创者

一个偶然的机会，一种叫"船蛆"的小虫引起了布鲁诺尔的兴趣，它们是生活在硬壳里的软体动物，最爱在木头里打洞，也是大航海时代最可恶的"船只破坏王"。哥伦布的船队曾经因为它而遭受重创，所以对这个小家伙恨之入骨。

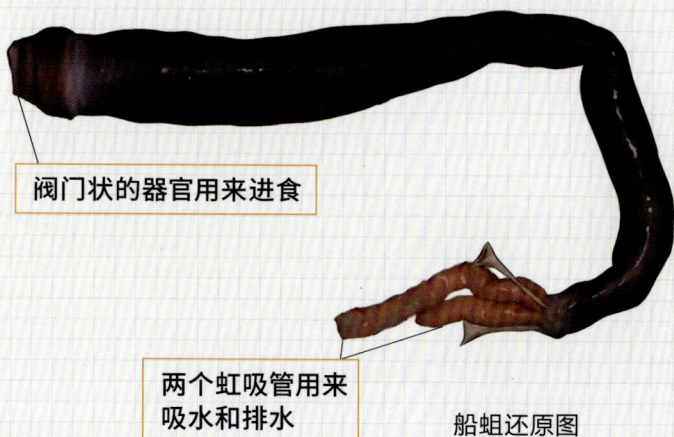

阀门状的器官用来进食

两个虹吸管用来吸水和排水

船蛆还原图

船蛆的身体像一根管子，头部有一个阀门状的进食器官，尾部还有两根虹吸管，负责吸水和排水，它们还会从体内分泌出一种液体涂在孔壁上，形成保护壳，来支撑受潮后发生膨胀的木头，使自己打的洞又坚固，又稳定。

这让布鲁诺尔灵光一闪，盾构机的雏形在他的脑海里形成了！

世界上第一台盾构机诞生啦！

经过不懈的努力，布鲁诺尔的盾构机诞生了，这也是世界上第一台盾构机！不过当时这台盾构机还是以人力为主。

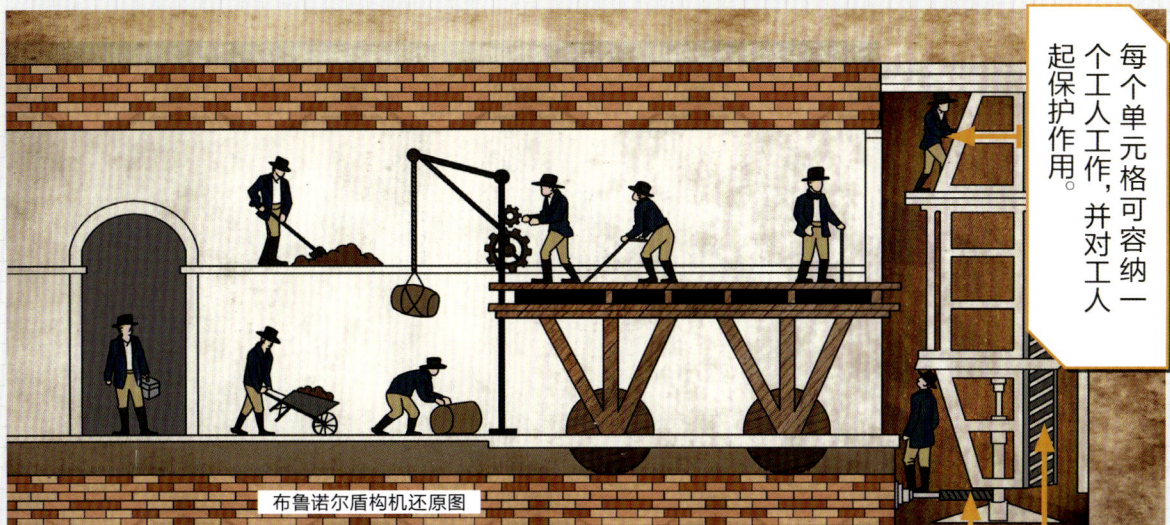

每个单元格可容纳一个工人工作，并对工人起保护作用。

布鲁诺尔盾构机还原图

液压千斤顶
当隧道开凿完之后，由液压千斤顶将整个盾壳向前推进。

盾构机构架被分成很多个小单元，并牢固地装在盾壳上。

布鲁诺尔发明的盾构机是人类隧道施工历史上的一大技术突破，而泰晤士河隧道也是世界上第一条采用盾构技术挖掘的隧道。现在，泰晤士河隧道仍然是伦敦地铁系统的一部分，每天有数以万计的人匆忙地穿过这条古朴的隧道。

泰晤士河隧道

盾构机家族大集合!

从蛙船小虫到隧道盾构机,
这是从 0 到 1 的突破。

第二代
气压式、机械式盾构机

杰出贡献人物:
英国人约翰·荻克英森·布伦
敦、姬奥基·布伦敦、普莱斯

特点:
开启了机械化盾构的道路,很大
程度上让人们解放了劳动力,挖
掘的效率大大提升。

杰出贡献人物:
法国人布鲁诺尔

特点:
以人力为主,掘进速
度较低、劳动强度
大、劳务费用高。

第一代
手掘式盾构机

随着科技的发展与进步，人们用超群的智慧和不断创新的精神，在1的基础上，创造出了一代又一代的盾构机，而人类探索的范围也渐渐从地上扩大至地下，建造出了四通八达的地下交通网络。

第三代
闭胸式土压泥水盾构机

主要包括泥水式盾构机和土压式盾构机。两种盾构机的最大区别就是出渣的方式不一样：泥水式盾构机的弃土以泥水方式排出，土压式盾构机是通过调节出泥舱的土压力稳定开挖面，弃土可以从出泥舱排出。

随着科技的进步，现在的盾构机越来越智能了，以大直径、大推力、大扭矩及智能化、无人值守和网络信息处理为主要特色，这也是盾构机未来的发展方向。

第四代
高智能多样化盾构机

三十年河东，三十年河西。

谁能想到，就在二十多年前，偌大的中国居然没有一台自己生产的盾构机。

1997 年，我国为了建设西康铁路咽喉工程秦岭隧道，首次从德国引进了两台盾构机，当时，一台进口盾构机的售价高达 3 亿元人民币。后来，又有多台"洋盾构"陆续来到中国"穿山掘地"。但由于国外公司控制着核心技术和集成技术，盾构机的购买费用高昂。而且，外方对技术实行垄断，维修、保养时不允许中方参与，维修所需的工时也完全取决于国外公司，严重影响了我们的工程进度。

但中国人骨子里有一种不服输的精神，并拥有强大的创新创造、后发领先的实力。很多被外国"卡脖子"、垄断的东西，最后都会被我国自主研制出来，并且处于世界领先地位。

第二章

"钢铁巨兽"是怎样工作的?

((叮咚)) 叮咚,超级掘进怪兽来了!

"钢铁巨兽"的身体由哪些部分组成？

盾构机由刀盘、盾体、出渣系统（螺旋输送机＋皮带机或泥浆环流系统）、管片拼装机、液压流体系统（包括液压泵站、推进系统、液压流体管路等）、电气系统等组成。

盾体

是"钢铁巨兽"的"背部"，用来支护已经挖掘成形的隧道。

推进系统

是"钢铁巨兽"的"双脚"，推动它向前作业。

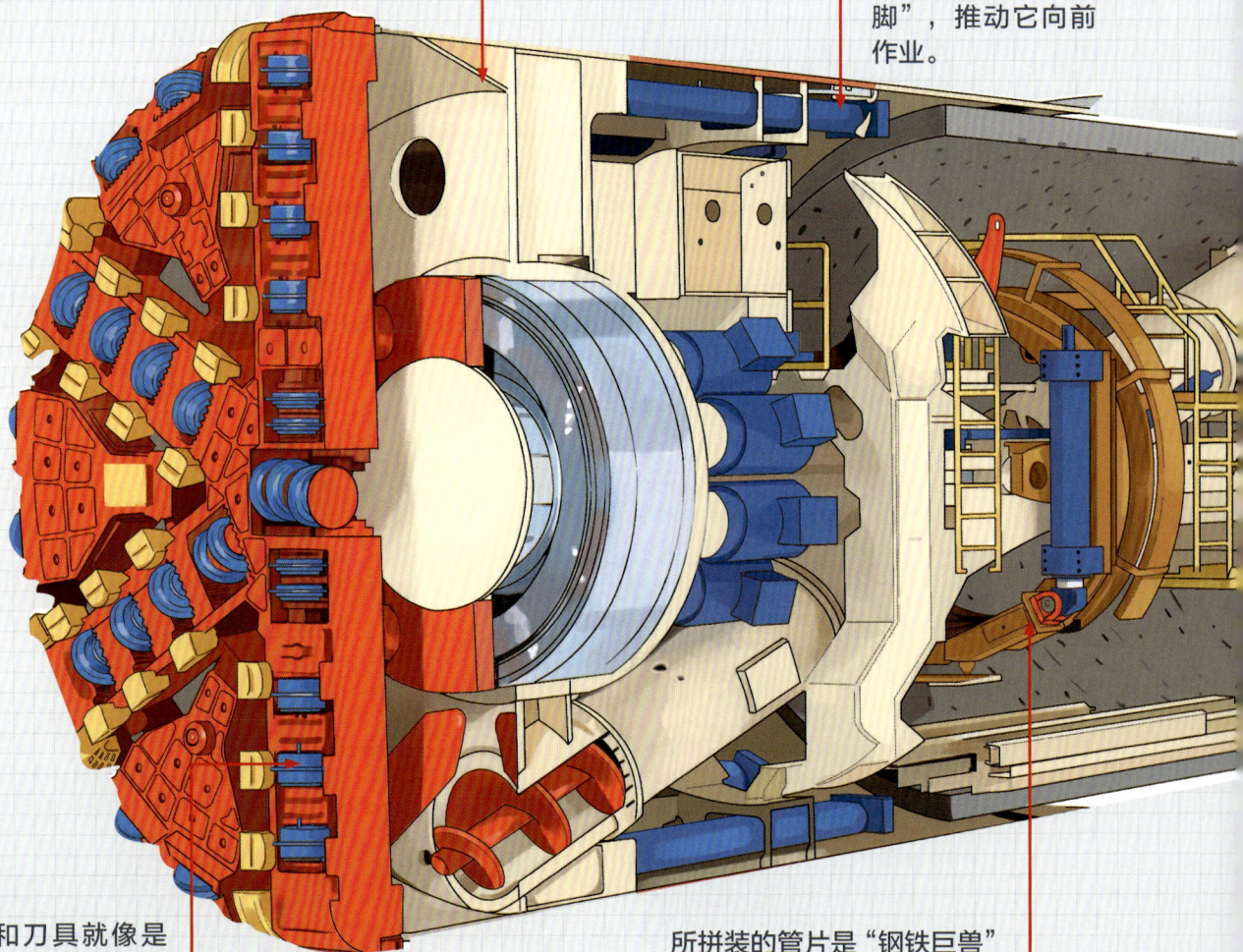

刀盘和刀具就像是"钢铁巨兽"的"前爪"，用来破土和掘进。

刀盘

所拼装的管片是"钢铁巨兽"前进时闭合的"鳞片"，用来加固隧道。

管片拼装机

别看盾构机的外形就是简单的圆柱体，它的肚子里可是"五脏俱全"哦！

出渣系统

是"钢铁巨兽"的"后爪"，负责把挖掘出的渣土搬运到洞口外。

液压泵站

是"钢铁巨兽"的"心脏"，给盾构机全身提供动力。

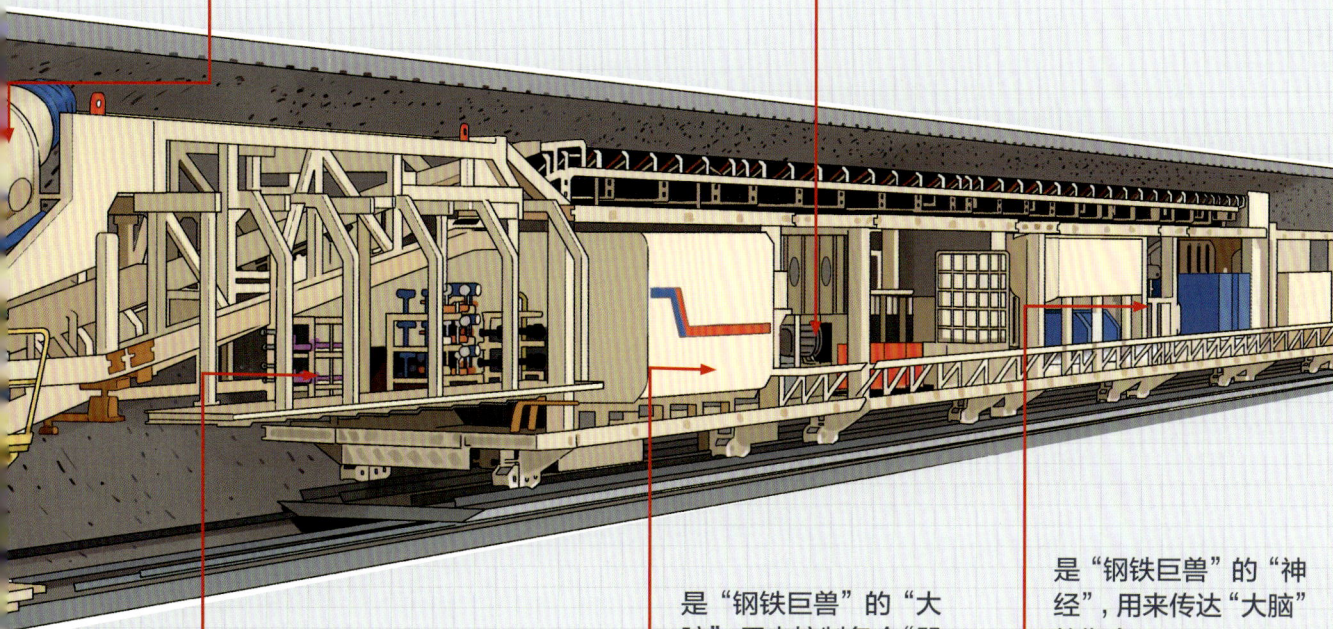

是"钢铁巨兽"的"大脑"，用来控制各个"器官"的运行。

是"钢铁巨兽"的"神经"，用来传达"大脑"的指令。

像"钢铁巨兽"的"血管"，主要用于改良渣土，隧道通风等。

控制室

电气系统

液压流体管路

"钢铁巨兽"是怎么从地下钻出来的?

在隧道始发处,根据盾构机大小挖一个矩形竖井作为盾构机的入口,卡车把盾构机从装配车间一节节地运输到工地,再通过吊机将盾构机身体的各部分放到始发井内,工人会像拼积木一样,将它们组装成一台完整的盾构机。

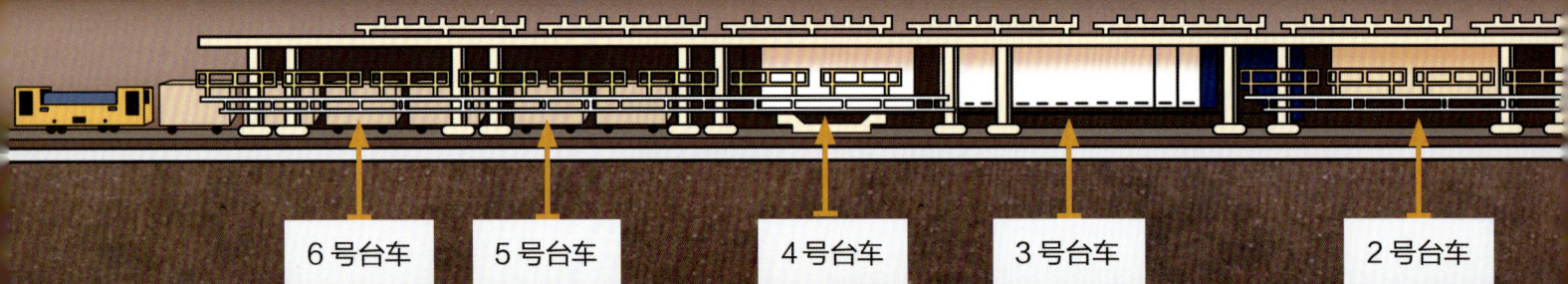

6号台车　5号台车　4号台车　3号台车　2号台车

以中型盾构机为例，盾构机最大的身体部件有 108 吨，想要吊起它，就要采用 350 吨的履带吊，再用 220 吨的汽车吊辅助，所以在盾构机入井的施工现场，可以看到各种大型吊车、运输车来来回回的忙碌身影。

履带吊

刀盘
根据盾构机机型的不同，刀盘重量从 40 吨到 80 吨不等。

号台车

盾构机到达目的地了！

完成任务的盾构机怎么从地下钻出来呢？沿设计线路掘进的盾构机最后会到达井的开口部，工人们再利用吊机将盾构机拖到竖井内搬出。

13

打洞时遇到了咬不动的"硬骨头"怎么办？

地下管道
盾构机一般会在地下管道的下方进行施工。

孤石
施工人员可以通过仪器探测到孤石，并且测定孤石的"顽固"程度，盾构机"啃"得动的就"吃掉"，直接通过，否则就要炸掉。

盾构机挖掘隧道的过程，就像孙悟空和唐僧取经一样，会经历各种"磨难"。

隧道施工的时候，最怕遇到的就是孤石，因为孤石又大又硬，危害很大，就连盾构机也不一定"啃"得动。如果让盾构机强行去"啃"，很有可能会产生卡刀、斜刀、掉刀等事故，严重影响施工进度，甚至会导致施工停止。

注浆机

施工人员

钻孔机

如果遇到地下水，施工人员必须探明地下水量大小、水流方向，然后解决施工中的排水问题，一般采用的是平行导坑的施工方案。

如果遇到"啃"不动的孤石，施工人员会从地面往下钻孔，一直钻到孤石处，接着填进炸药，将孤石炸碎。

如果遇到溶洞，施工人员会先对溶洞进行勘探，再从地面往下钻孔，一直钻到溶洞处，然后往孔中灌注水泥，将溶洞填满，水泥凝固后，盾构机才能通过。

施工人员勘测出的溶洞

15

"钢铁巨兽"是怎么"吐土"的?

盾构机前端的刀盘每转一周,就会切削下来不少泥土,这样一来,盾构机就能整体前进一段距离。可是泥土吃得太多,"肚子"装不下了怎么办? 原来,盾构机的"肚子"里有专门的出土系统,就像人体的消化系统帮助我们来消化吃下去的食物一样。

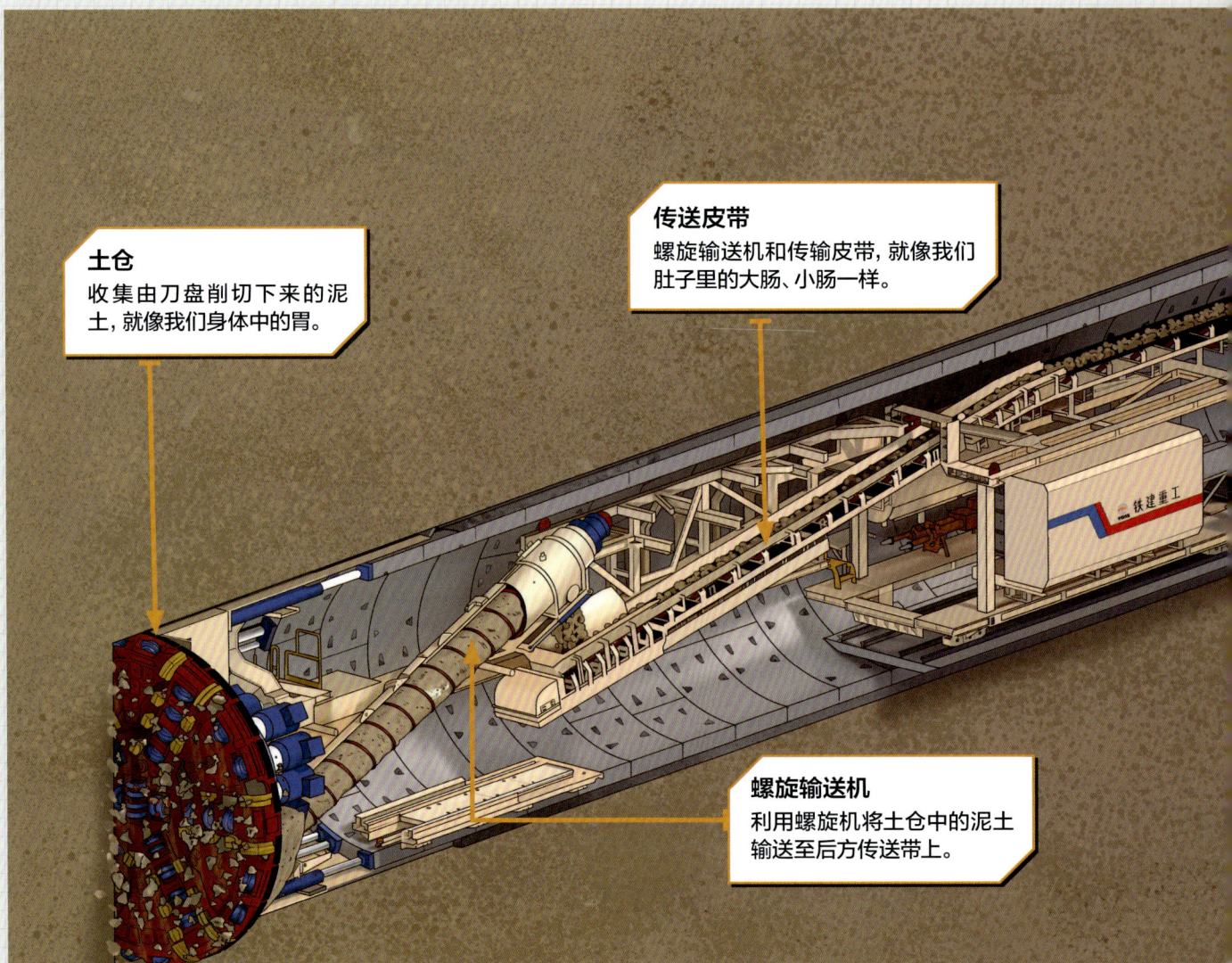

土仓
收集由刀盘削切下来的泥土,就像我们身体中的胃。

传送皮带
螺旋输送机和传输皮带,就像我们肚子里的大肠、小肠一样。

螺旋输送机
利用螺旋机将土仓中的泥土输送至后方传送带上。

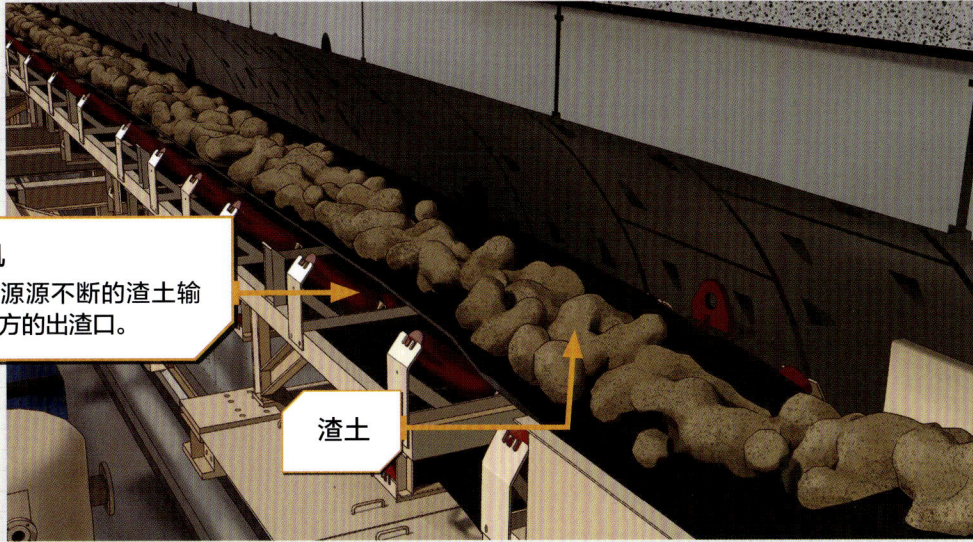

皮带机
将前方源源不断的渣土输送至后方的出渣口。

渣土

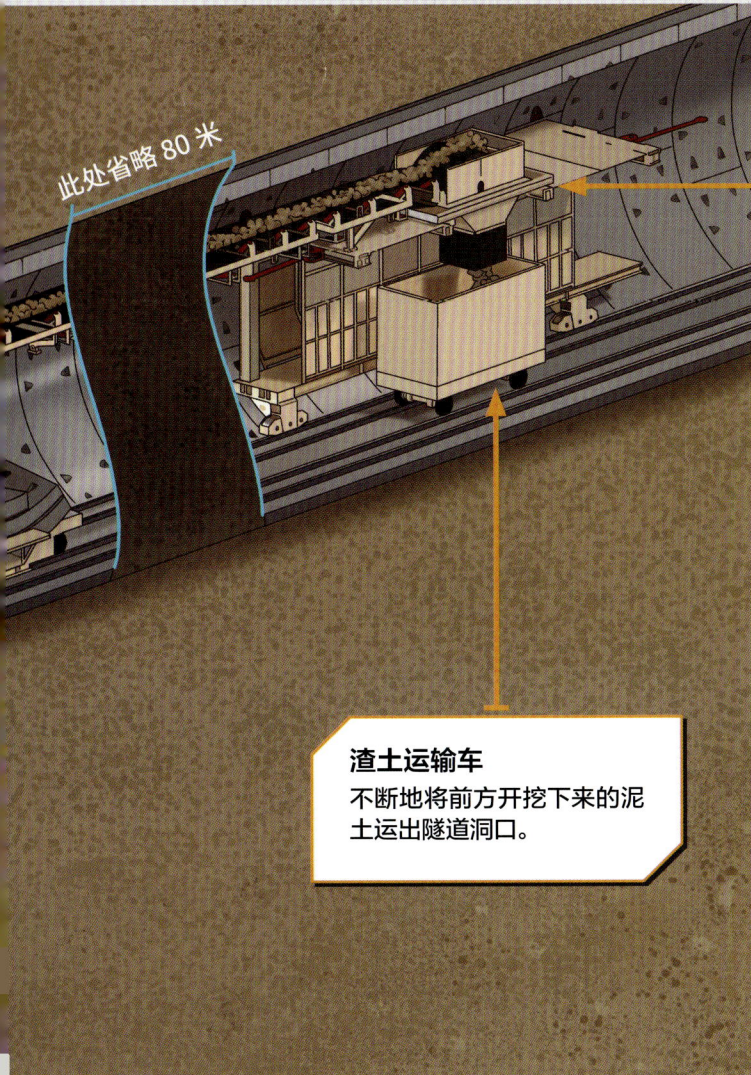

此处省略 80 米

出渣口
就像我们肠道末端的肛门，盾构机"吃"进去的泥土，就通过它排出了体外。

渣土运输车
不断地将前方开挖下来的泥土运出隧道洞口。

扫一扫
看盾构机如何吐土

"钢铁巨兽"是怎么前进的？

盾构机前进的"脚"藏在刀盘后面，叫作推进油缸。

盾构机的"脚"一伸一缩，如此反复循环，让盾构机一点一点向前推进。

这是一组推进油缸

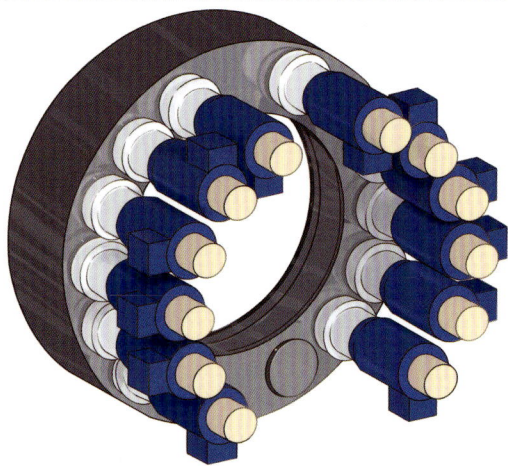

主驱动

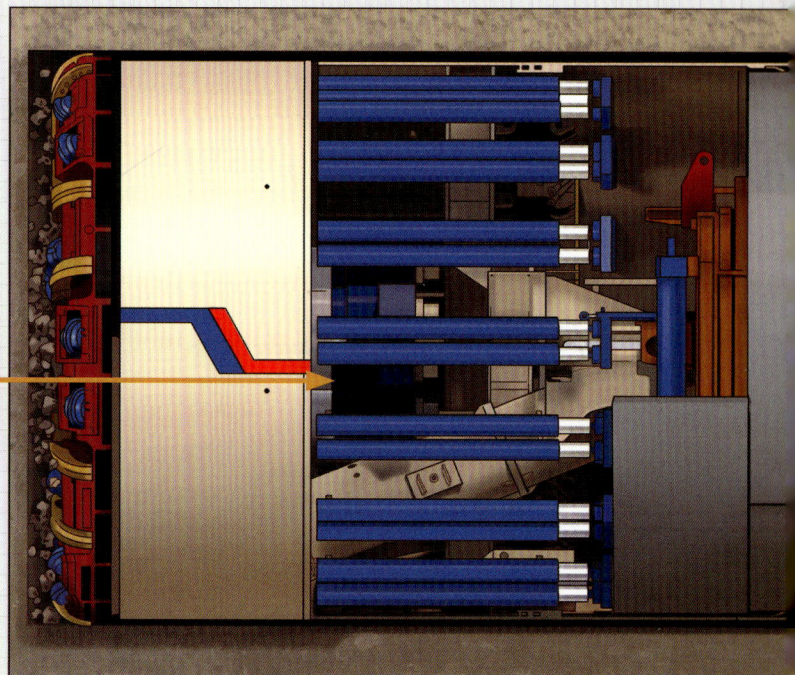

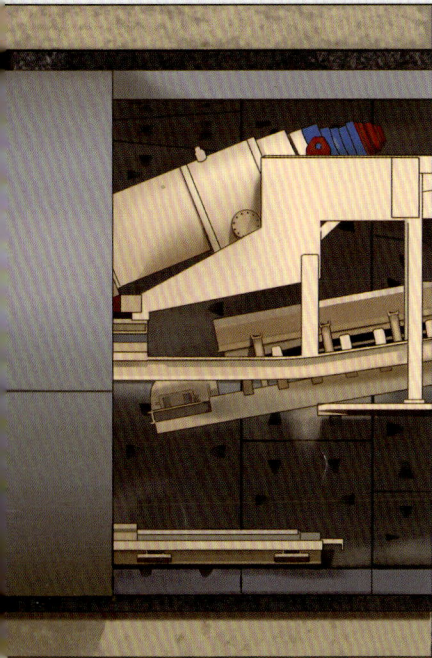

推进油缸顶在拼装好的管片后，盾构机的控制系统控制液压油缸伸长，将盾构机推至一环管片的距离后才会卸力，液压油缸回缩。

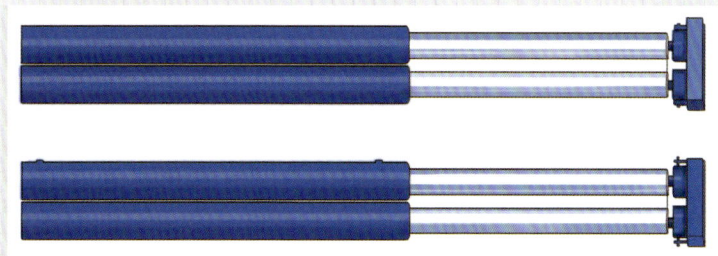

推进油缸伸长，将盾构机往前顶至一环管片的距离

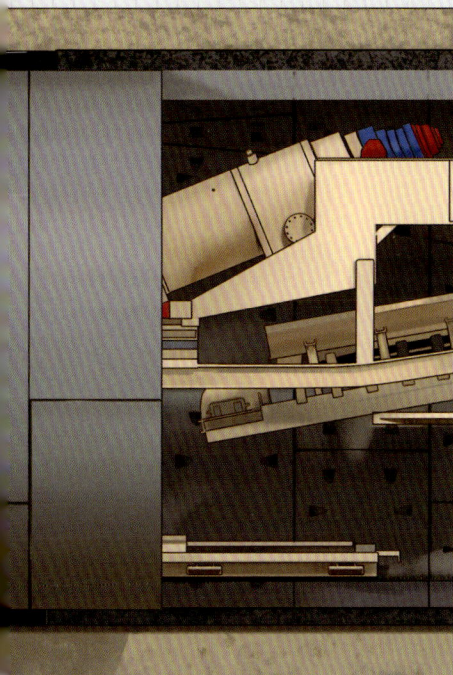

推进油缸回缩，留出铺设管片的空间

扫一扫
看盾构机如何前进

"钢铁巨兽"的"鳞片"是怎么拼装的?

管片就像盾构机身上的"鳞片"一样,支撑着它的身体,避免施工地面出现塌陷。

管片

管片吊运系统

管片调运系统直接将管片吊运至管片拼装机工作区域。

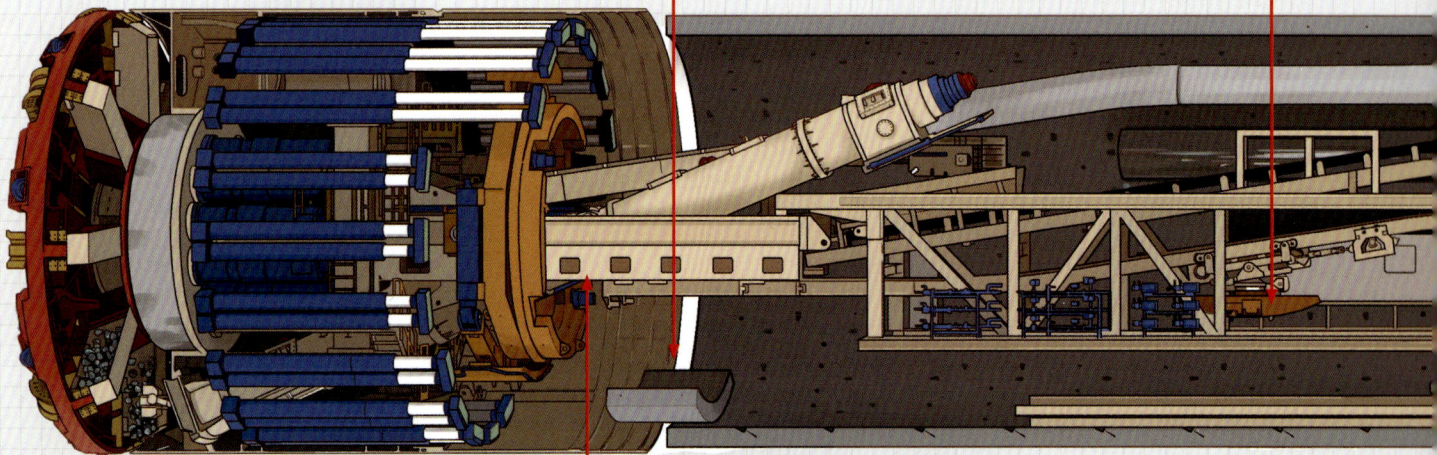

用于安装衬砌管片,可实现拼装管片的轴向移动、径向移动、回转、偏转、横摇和俯仰等六个自由度动作。

管片拼装机

盾构隧道一般采用混凝土浇筑成的管片支护，管片先从始发井通过管片运输小车运输到盾构机指定区域，由卸载器卸载，再由管片吊机运送管片到拼装区域，管片拼装机一环接一环，行云流水般地完成管片拼装，于是，一条整齐且美观的隧道就形成了！

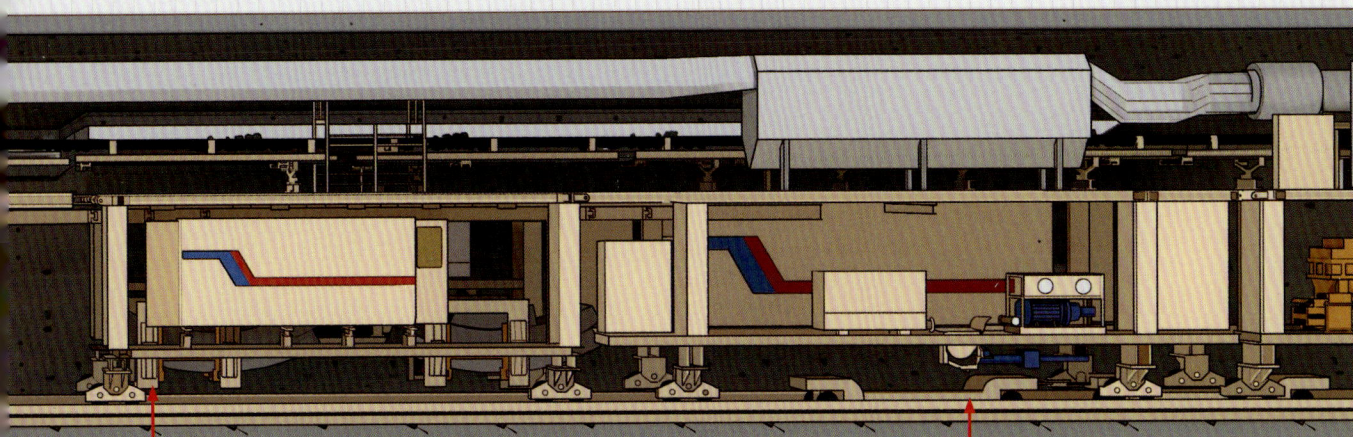

主要由外机架、内机架、提升液压缸等组成。卸载器可以高效率地将管片运输车上的管片一次性全部卸载。

卸 载 器

用于盾构机管片的运输工作。

管片运输小车

"钢铁巨兽"在黑暗的地下会迷路吗？

盾构机是有"眼睛"的，它的"眼睛"叫激光自动导向系统，主要硬件包括：激光靶、全站仪、后视棱镜等。能够全天候在盾构机主控室动态显示盾构机当前位置与隧道设计轴线的偏差以及趋势。

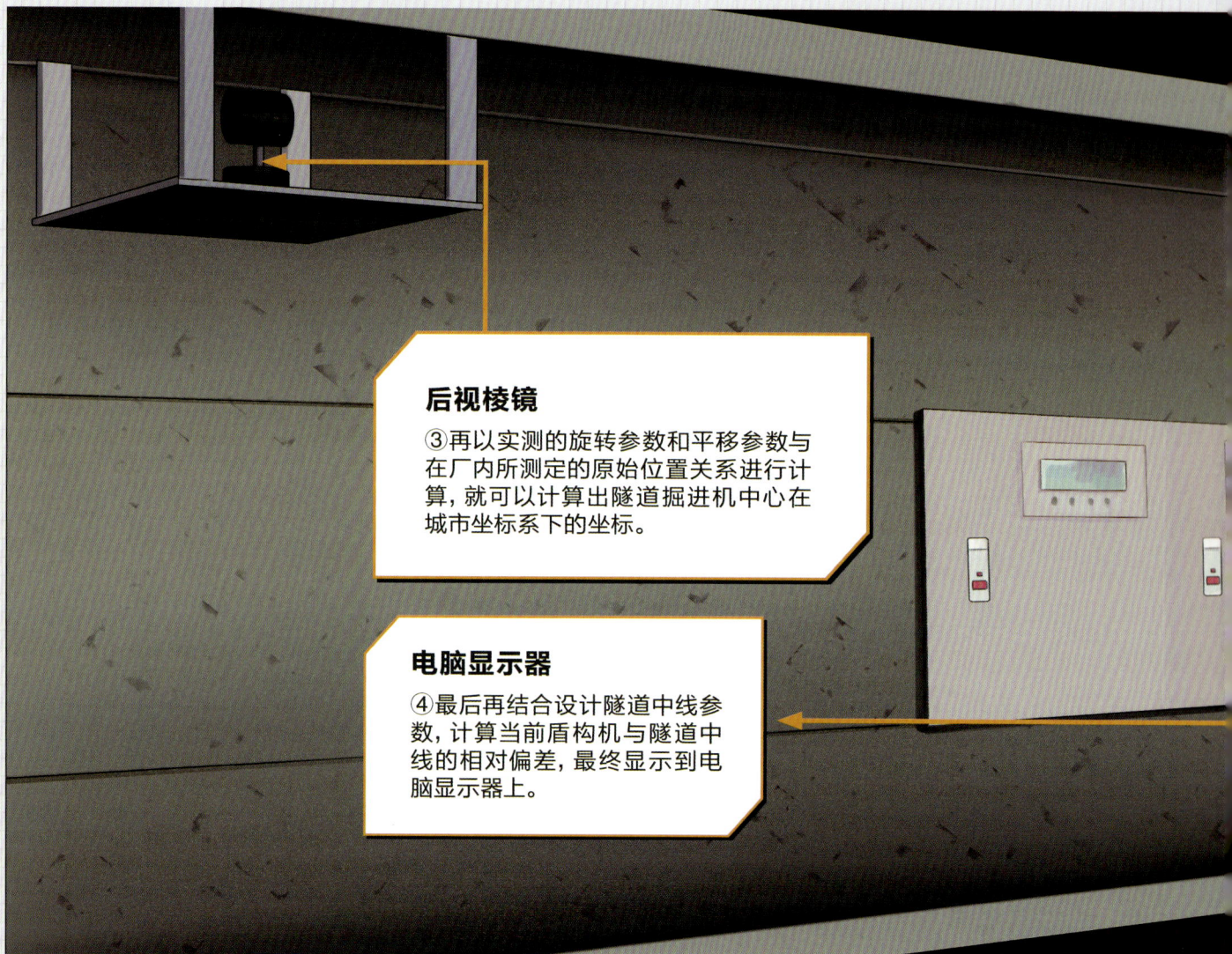

后视棱镜
③再以实测的旋转参数和平移参数与在厂内所测定的原始位置关系进行计算，就可以计算出隧道掘进机中心在城市坐标系下的坐标。

电脑显示器
④最后再结合设计隧道中线参数，计算当前盾构机与隧道中线的相对偏差，最终显示到电脑显示器上。

工程师们在监视器前，根据这些数据就能调整、控制盾构机的掘进方向，让它始终保持在允许的偏差范围内。天上的导航卫星能精确到米，而盾构机的"导航系统"却可以精确到毫米哦，所以不用担心盾构机在黑暗中会迷路。

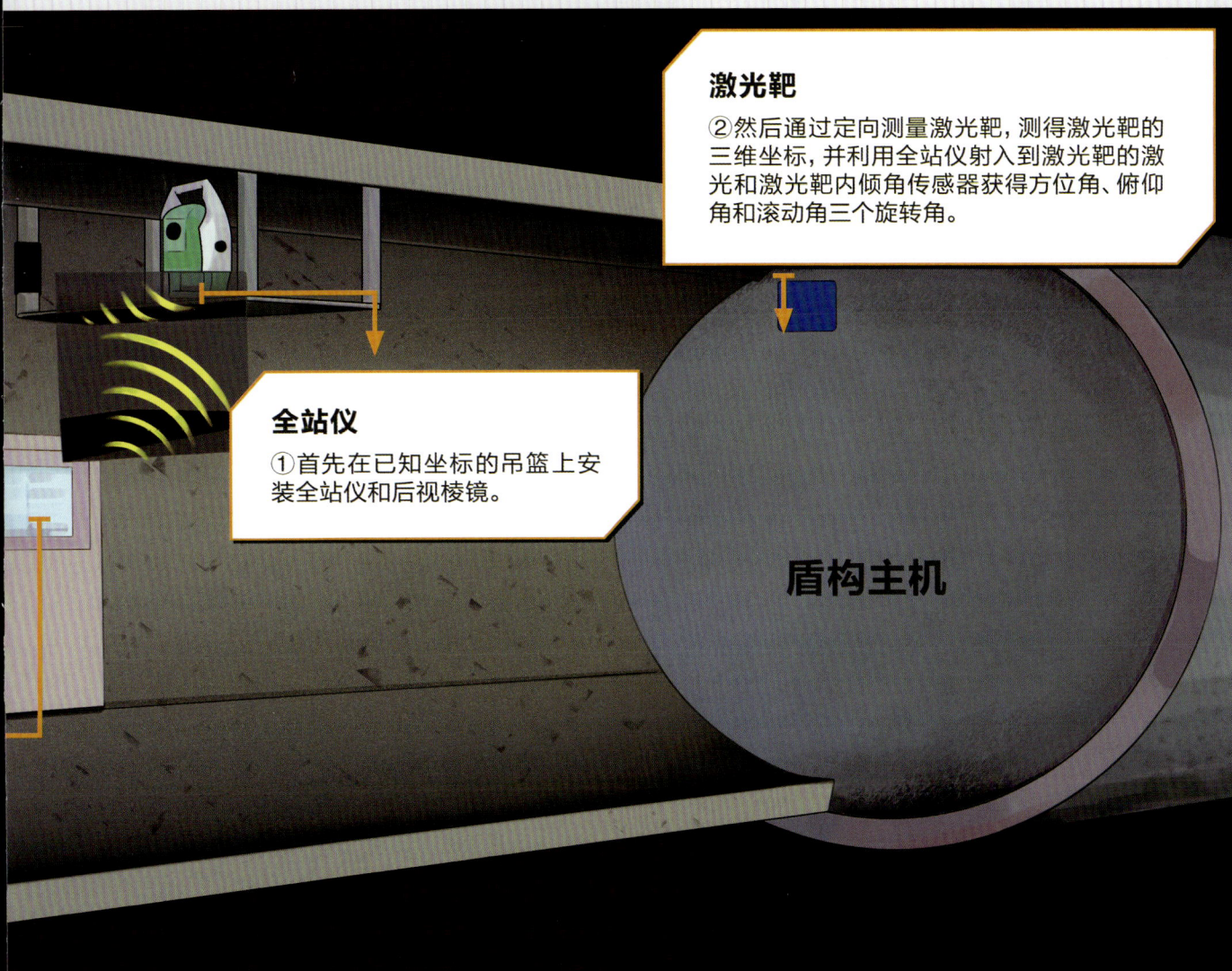

激光靶

②然后通过定向测量激光靶，测得激光靶的三维坐标，并利用全站仪射入到激光靶的激光和激光靶内倾角传感器获得方位角、俯仰角和滚动角三个旋转角。

全站仪

①首先在已知坐标的吊篮上安装全站仪和后视棱镜。

盾构主机

盾构机有司机吗？

就像汽车司机要考取驾照才能开车一样，盾构机的司机也要经过专业培训及考核才能上岗的。

盾构机可以后退吗？

盾构机的掘进和我们平时开车不一样的是，汽车可以倒车，但是盾构机是不能后退的，因为隧道的直径小，所以盾构机只能一直往前走，这也就要求盾构机一旦开始工作，就必须按照规定线路，一直掘进到隧道贯通。

盾构机只能一路向前，不能掉头哦！

摆在盾构机司机面前的可不是方向盘，他们要坐在控制室里，面对几台操作屏幕和数不清的按钮，并随时盯着屏幕上的数字来判断盾构机的工作是否顺利。

铰接操作

皮带机操作

推进拼装操作

控制面板真是让人眼花缭乱呀！

成功钻进地下的"钢铁巨兽"是怎么打洞的？

盾构机在"啃食"土层、石头时，不仅仅要依靠"牙齿"，还要依靠刀盘的旋转，就像我们在咬骨头的时候不是光凭坚硬的牙齿就可以解决问题，还要依靠脸部肌肉的配合，才能爆发惊人的咬合力，盾构机的破岩能力就是在这样一系列复杂的操作中完成的。

盾构机刀盘上的各种"牙齿"是不是跟想象中不一样，看上去还有点"敦厚可爱"？但其实它们发起力来可是很厉害的，"吃"石头像吃薯片一样轻松！

"钢铁巨兽"的各种"牙齿"有什么功能?

每台盾构机遇到的地质情况都不一样,所以工程师需要根据情况为盾构机配制刀具,也就是为它安装上"牙齿"。

在盾构机大大的"牙床"上,可以安装滚刀、切刀、刮刀等各种"牙齿",以应对不同的"硬骨头"。

边缘刮刀

清理外围开挖的渣土,防止刀盘外缘的直接磨损,保证开挖直径的精度。

边缘滚刀

保证对撑子面边缘的顺利开挖,从而减少对边缘刮刀的非正常磨损。

正面滚刀

对岩体进行挤压和剪切,从而使岩体发生破碎,以保证对撑子面的顺利开挖。

切刀

将先行刀具掘削下来的渣土及时收集到土仓内,降低刀盘面板的磨损,保护先行刀具的刀座。

挖掘机

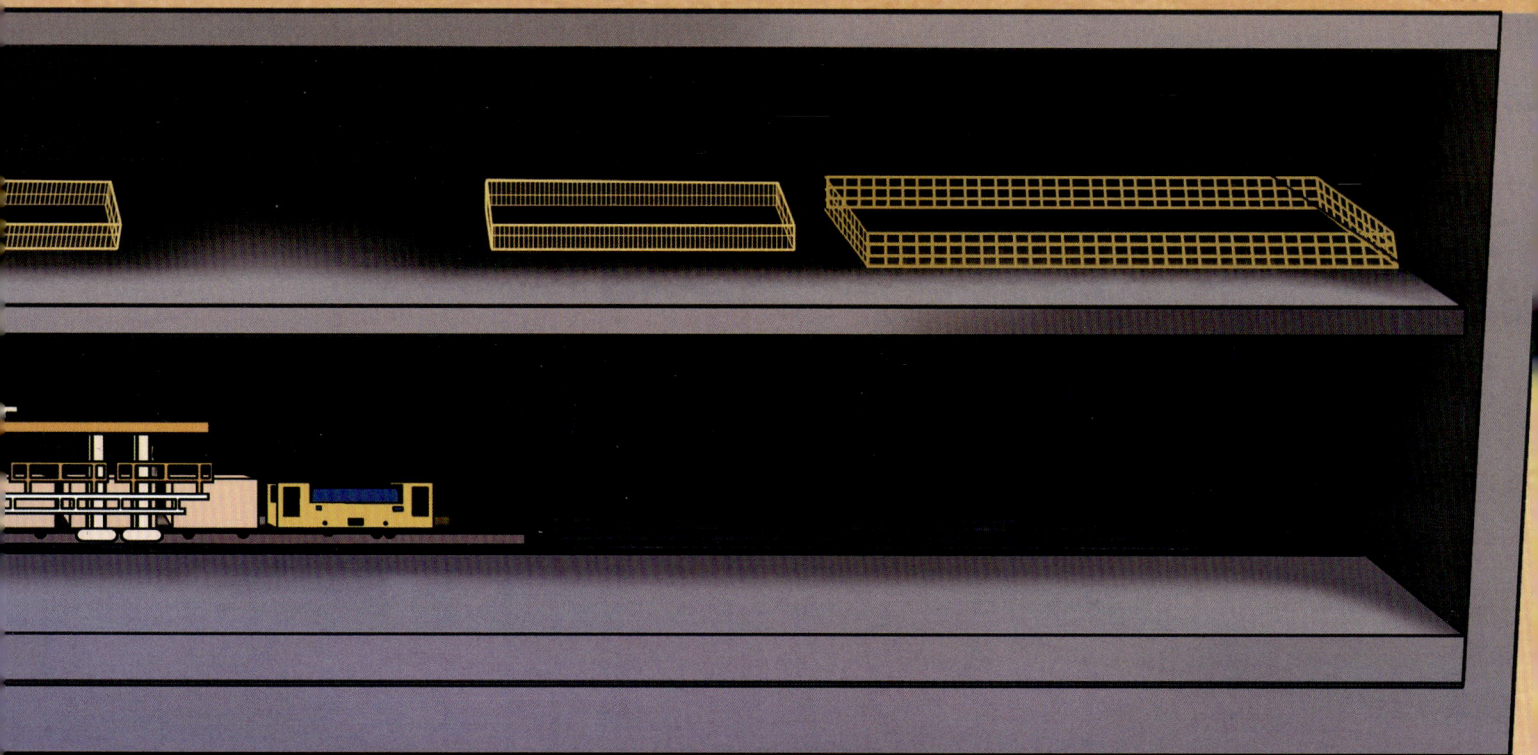

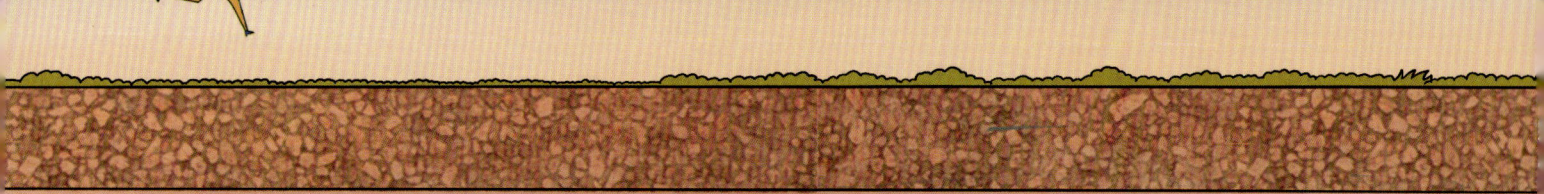

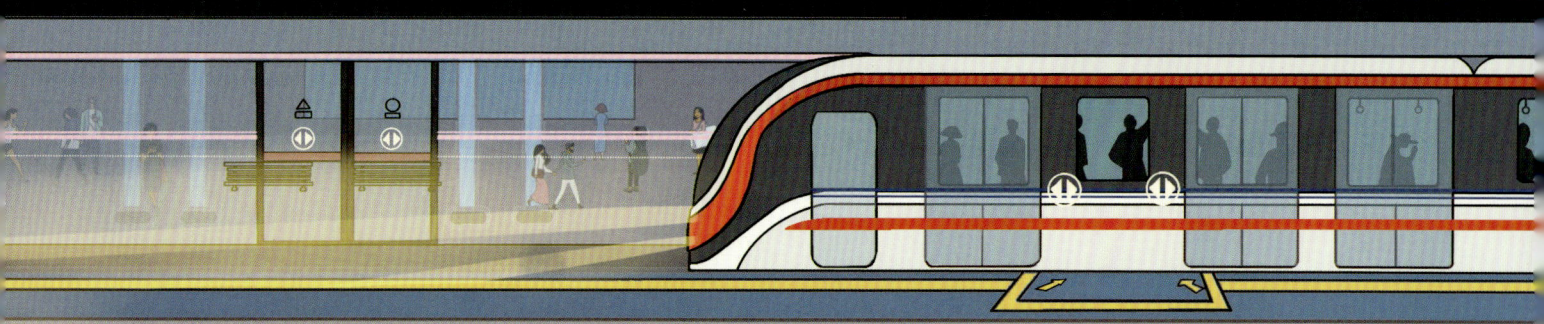

龙门吊

起重工

施工人员

电工

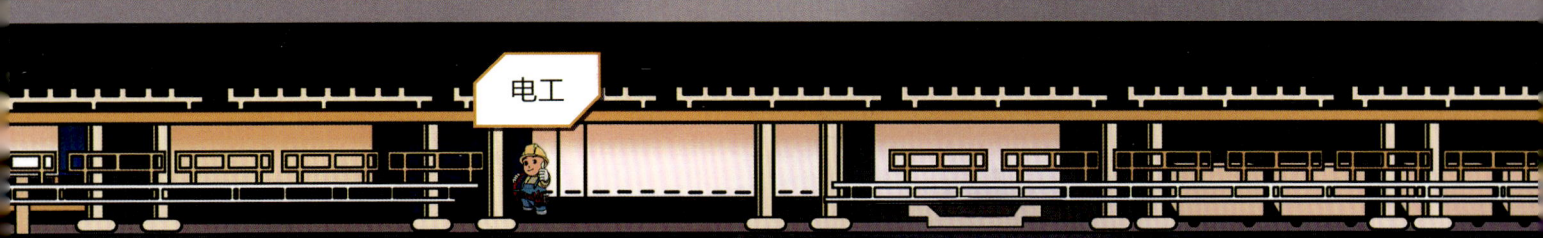

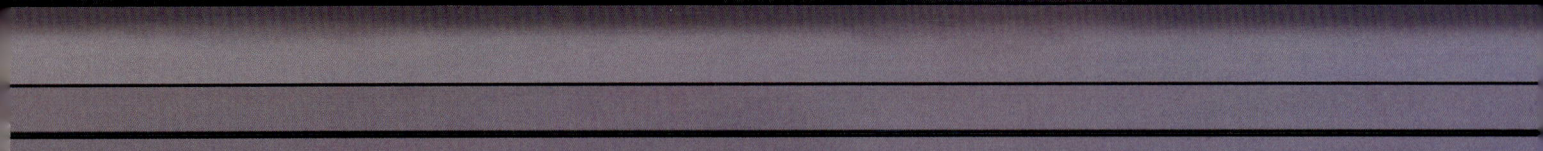

梦乡的时候，盾构机还在
多工作人员也在不辞辛苦
的地下交通网。

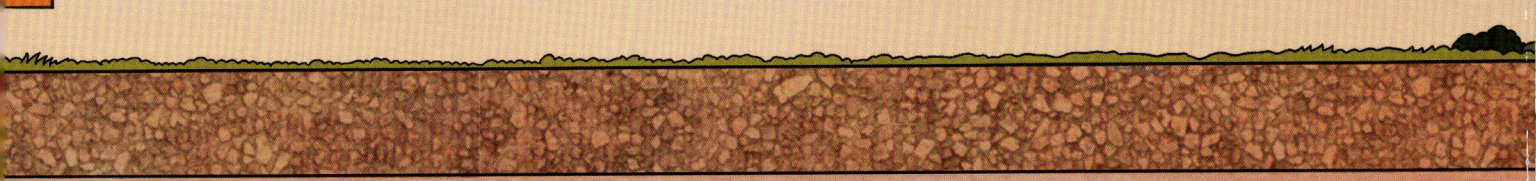

地面上恢复了往日的车水马龙，而地下，经过无数人的努力和盾构机勤勤恳恳的工作，我们的地铁终于通车了！人们乘坐着舒适的地铁前往各自的目的地。

管片拼装手

你可能会路过地铁施工的现场，但是你知道围栏里都有什么吗？

在我们享受生活或进入地下不知疲倦地挖挖挖，许多地劳动，为我们编织四通八达

"钢铁巨兽"的寿命有多长？

　　盾构机虽然造价昂贵，但是寿命却很短。

　　盾构机的主轴承的设计使用时间是 10000 小时到 15000 小时，盾构机的设计使用寿命一般在 10 千米到 15 千米之间，它属于精巧设备，使用时间超出设计范畴后，各种性能就不能保证稳定了，容易出现故障。通常情况下，盾构机掘进完一个区间后，需要进行保养维修，以便下个区间能够正常掘进。

盾构机维修

说到这里，有点伤感啊！

不要难过，虽然盾构机的"生命"结束了，但是它挖出的隧道却一直在为人们的便捷出行服务。

2001 年，我国发起了"关于隧道掘进机关键技术的研究"的"863 计划"。2008 年，国产首台拥有自主知识产权的复合式盾构机成功下线，自此，"洋盾构"一统天下的格局完全被打破！现在国产盾构机已经占据了国内 90％以上的市场，使原本售价昂贵的盾构机价格大幅降低，并开始在国外施工项目中大显身手。

　　十几年时间，从 0 到 90％，这不能不说是个奇迹。

　　当然了，我们在骄傲的同时，也不能忘记在背后默默付出的成千上万的技术人员和研究人员，正因为他们的工匠精神，才有了我们今天的成就，他们有一个共同的称号：中国骄傲！

第三章

从"一无所有"
到"世界第一"

(((叮咚))) 叮咚，超级掘进怪兽来了！

走出国门的"五朵金花"

令人叹为观止的莫斯科地铁，是莫斯科的独特名片，就像长城之于中国。

60年前，苏联的专家来到中国，帮助北京规划了第一条地铁线。

60年后，我们的盾构机突破了极寒天气的桎梏，和地铁建设者们一起走出了国门，来到莫斯科修建地铁。

"五朵金花"之 —— 玛丽亚

众所周知，莫斯科一年中有长达半年的积雪期，最低温度可达零下30摄氏度，长时间寒冷会严重影响盾构机的正常工作。为此，铁建重工的"五朵金花"必须具备在莫斯科极寒环境下作业这项特殊的本领。

"五朵金花"的名字是怎么来的？

原来，中国工程师们以俄罗斯家喻户晓的电视剧《爸爸的女儿们》为五台要远赴莫斯科的盾构机取名——玛利亚、达利亚、加丽娜、波丽娜和叶甫盖宁，她们都是剧中主人公的名字。于是，五条"钢铁巨兽"拥有了"五朵金花"的名字，这也是属于中国工程师们的独特温柔。

可以加热的液压泵

　　首先需要解决的就是盾构机的液压泵的问题。

　　盾构机的液压泵好比人体的心脏，将液压油驱动到盾构机的各个位置来运行"身体"。而液压泵里的液压油在极寒条件下会变得十分黏稠，从而损坏盾构机的液压泵和循环系统。

　　科研人员经过一次次的尝试与失败，终于研发出了可耐零下20摄氏度的低温主驱动，同时增加了液压泵站、变频器等辅助加热系统，成功克服了这个困难！

　　中国的盾构机以最高日掘进35米的成绩，创造了俄罗斯地铁施工的最高日进尺纪录，成为了工地上的"明星巨无霸"！

花朵般美丽的"沅安号"

针对沅江隧道设计研制的"沅安号"盾构机，它的刀盘好似一朵绽放的桃花，被誉为"最美盾构机"。

"沅安号"小档案
身高： 开挖直径 11.75 米
身长： 132 米
体重： 3000 吨
外号： 最美盾构机

就是从这台盾构机开始，中国自主研发出了常压换刀盾构机。

34

○ 盾构机在"吃土"的过程中，"牙齿"很有可能坏掉，那怎么办呢？就需要进行刀具更换作业。

○ 在以前，换刀的工作人员都要处在高于正常气压2倍的高压环境中，整个过程十分危险。

传统带压换刀作业

常压换刀

对此，科研人员研发了常压换刀技术，有效地避免了工作人员带压换刀作业的风险。以前，带压换刀至少需要24小时，而现在常压更换一把刀只需40分钟，这一技术的成功研发和应用，填补了我国在盾构机常压换刀技术领域的空白，开创了国内大直径泥水平衡盾构机的新篇章！

京味脸谱"京华号"

这个"大花脸"名叫"京华号"，是由中国铁建重工联合中铁十四局共同打造的国产最大直径盾构机。"京华号"是为北京东六环改造工程服务的。

这个大家伙高度超过5层楼，刀盘涂装是从京剧脸谱中获得的灵感，以京剧中代表忠勇义烈的红色脸谱为设计原型，外观鲜明夺目，大气磅礴，凸显了北京的地域文化特色。

○ 整机长150米，我从头跑到尾，大概需要半分钟。我身高1.4米，12个我垂直加起来才赶得上京华号的身高。

中铁重

铁

DZ666 北京东六环ZTS15920

建

建

我身高 1.8 米，和京华号相比，我大概只有他的九分之一那么高。

16m
15m
14m
13m
12m
11m
10m
9m
8m
7m
6m
5m
4m
3m
2m
1m

最萌大国重器"锦绣号"

这台盾构机名为"锦绣号",服务于成(都)自(贡)高铁锦绣隧道建设。刀盘涂装极具四川特色,一只怀抱嫩竹的大熊猫占据中心位置,呆萌可爱、栩栩如生,被网友称为"最萌大国重器"。

"锦绣号"小档案:

身高: 开挖直径达 12.79 米

身长: 135 米

体重: 3000 吨

○ 锦绣号开挖直径 12.79 米，相当于 4 层楼房那么高。

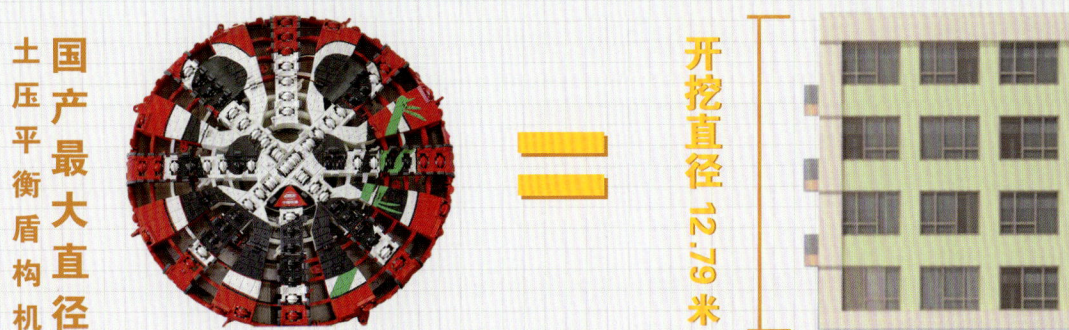

国产最大直径
土压平衡盾构机

开挖直径 12.79 米

○ 锦绣号超大扭矩作用在直径 1 米的卷扬机上，可将 15 架"世界上最大的客机——空客 A380"提起。

超大扭矩 = **15架**

空客 A380

○ 锦绣号总长 135 米，总重 3000 吨，装机功率 7500 千瓦，约是大火箭"胖五"体积的 15 倍。

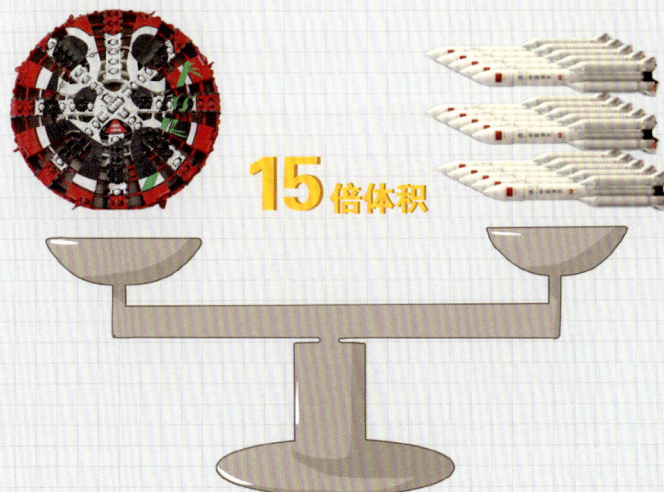

15倍体积

"创新1号"——
国产首台铁路大直径土压/TBM双模掘进机

"创新1号"在珠三角城际铁路广佛环线大源站至太和站下行线顺利始发,一条全长6144米的隧道正式拉开了盾构施工序幕……

广佛环线城际铁路隧道水文地质条件十分复杂,单一模式的盾构机无法啃下这块结构复杂的"石头"。

于是,工程师们自主研制了国产首台铁路大直径土压/TBM双模掘进机,开挖直径达9.15米,整机长度115米,总重约1350吨,装机功率5700千瓦,这个大家伙既能满足软土地层和极端上软下硬地层掘进,又能满足长距离超硬岩地层掘进需求,被誉为"软硬通吃"的"巨无霸"!

这简直就是全能实力派啊！
当之无愧的"国之重器"！

中国铁建
创新1号

建设单位：广东珠三角城际轨道交通有限公司
设计单位：中铁第四勘察设计院集团有限公司
监理单位：中铁华铁工程设计集团有限公司
施工单位：中国铁建股份有限公司珠三角
　　　　　广佛环线GFHD-2标项目经理
　　　　　中国铁建十九局集团有限公司
设计制造：中国铁建重工集团有限公司

转型升级 打造高端装备民族品牌

国产首台铁路大直径土压/TBM双模掘进机下线仪式

"铁龙 28 号"——国产首台直接控制式土压泥水双模式盾构机

"铁龙 28 号"服务的是广州市轨道交通八号线，这个线路水文地质环境十分复杂，盾构机需要长距离穿越高黏性粉质黏土、高透水性粉细砂、中粗砂层、全断面中风化灰岩、上软下硬等复杂地层，并面临孤石、溶洞等极大的施工风险，且地面风险源较多。

但是，中国的工程师们最不怕的就是困难。

工程师们结合工程地质条件，攻克了许多技术难点，在保证盾构机掘进效率的前提下，研制出同时具备土压平衡盾构及泥水平衡盾构技术特点的双模式盾构机"铁龙 28 号"，其开挖直径 6.28 米，被誉为"国产首台直接控制式土压泥水双模式盾构机"。

"中原一号"——
国产首台高铁大直径盾构机

"中原一号"2017年1月始发,服务于豫机城际铁路工程,它攻克了一次性长距离穿越复杂地段、成功下穿南水北调主干渠等难关;创造了单日掘进22米,月掘进410米,一次性安全掘进3800米等多项国内城际铁路大直径双线掘进新纪录!

遇到困难我不怕,这可是"中原一号"的口头禅!

钢铁英雄小队

除了盾构机之外，在工程作业中还有很多种工程机械设备在一起发力，通过这些"钢铁小伙伴"们齐头并进的努力，才最终完成了整个工程。让我们一起来看看，还有哪些可爱的小伙伴吧！

铁爪小勇士
【挖掘机】

挖掘机又叫挖土机，是用铲斗挖掘物料，并装入运输车辆或卸至堆料场的土方机械。

长臂小卫士
【起重机】

起重机又叫天车，航吊，吊车。它可以在一定范围内垂直提升和水平搬运重物。

爆破小帮手
【凿岩机】

凿岩机是用来直接开采石料的工具。它在岩层上钻凿出炮眼，以便放入炸药去炸开岩石，从而完成开采石料或其他石方工程任务。

重力小能手
【压路机】

　　压路机又叫压土机，是一种修路的设备，广泛用于高等级公路、铁路、机场跑道、大坝、体育场等大型工程项目的填方压实作业。

田螺小子
【混凝土搅拌车】

　　它是用来运送建筑用混凝土的专用卡车，由于它的外形，也常被称为田螺车。这类卡车上都装着圆筒型的搅拌筒以运载混合后的混凝土。在运输过程中，会始终保持搅拌筒转动，以保证所运载的混凝土不会凝固。

大力小英雄
【推土机】

　　推土机是一种能够进行挖掘、运输和排弃岩土的土方工程机械。

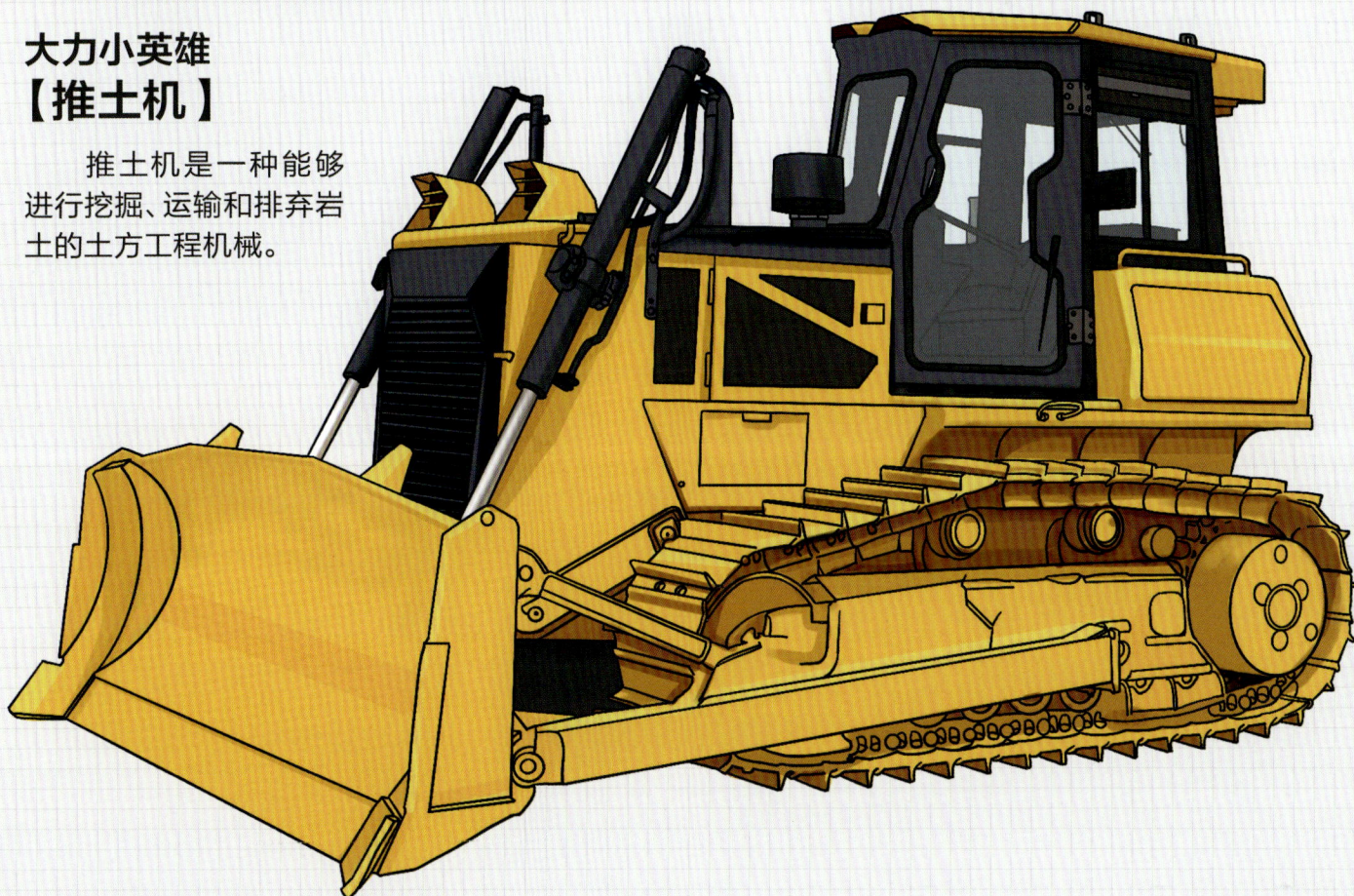

我们生活在科技高速发展的年代，科技的进步让我们的生活日新月异，这些改变都源自一代又一代的科学家们为了科技进步而做出的努力。而今天的你们，就是未来科技发展的潜力军，那么你做好准备了吗？听一听前辈们是如何说的吧——

那些，科学家想说的话

((叮咚)) 叮咚，超级掘进怪兽来了！

一个国家、一个民族，没有现代科学，没有先进技术，就是落后，一打就垮；然而，一个国家、一个民族，没有民族传统，没有人文文化，就会异化，不打自垮。

—— 杨叔子

（著名机械学家，教育家，中国智能制造领域的拓荒者，
华中理工大学前校长，中国科学院院士）

我们中国是要出头的，我们的民族再也不是一个被人侮辱的民族了！我们已经站起来了！

—— 朱光亚

（中国核科学事业的主要开拓者之一，吉林大学物理学创始人之一，
"两弹一星功勋奖章"获得者，被誉为"中国工程科学界支柱性的科学家"）

古往今来，能成就事业，对人类有作为的，无一不是脚踏实地攀登的结果。

—— 钱三强

（核物理学家，数学家，中国原子能科学事业创始人）

不要失去信心，只要坚持不懈，就终会有成果的。

—— 钱学森

（空气动力学家、系统科学家，工程控制论创始人之一，
中国科学院院士、中国工程院院士，"两弹一星功勋奖章"获得者）

良好的品行、广博的知识、健康的体魄都是支撑人生不断超越的基石。任何质变的爆发都来自于量变的集聚，任何成果的产生都来自于万般磨砺。唯有锲而不舍、打牢根基，方能跨越山河、驰骋星海。

—— 田红旗

（中国工程院院士，轨道交通工程技术专家，

轨道交通安全教育部重点实验室主任）

希望同学们在面对暂时的挫折、困难、失意时，少一些浮躁和戾气、多一些笃定和包容，学着用科研逻辑理性思辨、精准破题。养成"一蓑烟雨任平生"的豁达乐观和"一点浩然气，千里快哉风"的品性豪情。

—— 白春礼

（中国科学院院士，化学家和纳米科技专家）

真正的科学精神，是要从正确的批评和自我批评发展出来的。真正的科学成果，是要经得起事实考验的。有了这样双重的保障，我们就可以放心大胆地去做，不会自掘妄自尊大的陷阱。

—— 李四光

（中国科学院院士，地质学家）

编 后 记

众所周知，中国的轨道交通已经成为一张闪亮的国际新名片，大家对高铁、地铁已经再熟悉不过，但是这背后有一个"低调"的大功臣，可能大部分人还不是很熟悉，它就是我们的"国之重器"——盾构机。

在这里，要特别感谢中国铁建重工集团为本书的出版无偿提供了盾构机的高清图片以及专业技术指导。我们希望通过这本书，可以让小朋友和大朋友们走近这个工程机械之王，看看盾构机是如何穿山掘地，啃掉一个又一个"硬骨头"的，看看我们的科研人员是如何攻克一个个技术难关，让国之重器走出国门，助力我们伟大祖国建设的。

就像盾构机要挖出一条完美的隧道需要克服重重困难一样，一本原创科普书的诞生，也是经过了无数个不眠之夜，才将她交付到每一位读者的手上。可能她还不是很完美，但是我们还是要感谢每一位为此付出的人，希望这套彰显湖南重要先进制造业成果、展现中国科研人员匠人精神的科普书，可以在孩子们的心中种下一颗小小的种子，日后涌现出更多的小小工程师！

除了钢铁巨兽盾构机，我们还会带孩子们走近更多领先世界，却鲜为人知的中国工程装备，我们会继续努力，为小朋友们讲好中国工程机械的故事。

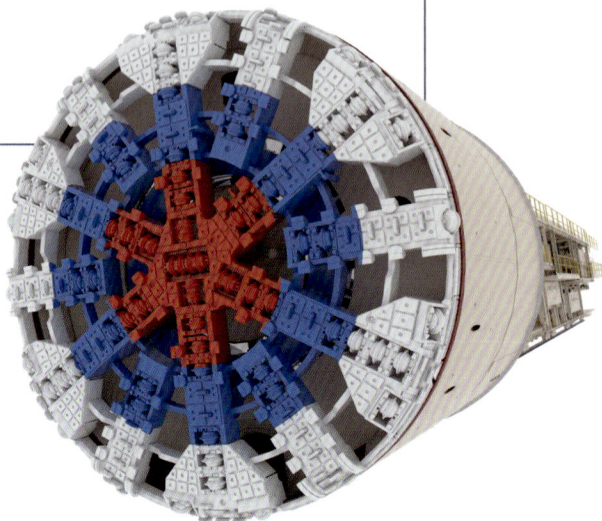

图书在版编目(CIP)数据

巨型钢铁遁地侠：盾构机 / 三角架编著. —长沙：
中南大学出版社，2021.12
（国家重要先进制造业高地科普系列）
ISBN 978-7-5487-4658-4

Ⅰ. ①巨… Ⅱ. ①三… Ⅲ. ①盾构—青少年读物
Ⅳ. ①U455.43-49

中国版本图书馆 CIP 数据核字(2021)第 191354 号

巨型钢铁遁地侠 盾构机
JUXING GANGTIE DUNDIXIA DUNGOUJI

三角架 ◎ 编著

□出 版 人	吴湘华
□责任编辑	谢贵良　张　倩　梁　甜
□装帧设计	几木艺创
□插画创作	三颗猫饼干
□责任印制	唐　曦
□出版发行	中南大学出版社
	社址：长沙市麓山南路　　　邮编：410083
	发行科电话：0731-88876770　传真：0731-88710482
□印　　装	湖南省众鑫印务有限公司

□开　　本	889 mm×1194 mm 1/16	□印张 3.5	□字数 101 千字	□插页 6
□版　　次	2021 年 12 月第 1 版	□印次 2021 年 12 月第 1 次印刷
□书　　号	ISBN 978-7-5487-4658-4
□定　　价	99.80 元